PROYECTO
SABER
HACER

W0218594

CUADERNO

Matemáticas

Primer trimestre

PRIMARIA 2

El cuaderno Matemáticas 2, primer trimestre, para segundo curso de Primaria, es una obra colectiva concebida, diseñada y creada en el Departamento de Ediciones Educativas de Santillana Educación, S. L., dirigido por **Teresa Grence Ruiz**.

En su elaboración ha participado el siguiente equipo:

TEXTO
José Antonio Almodóvar Herráiz

EDICIÓN
Magdalena Rodríguez Pecharromán

ILUSTRACIÓN
José Pablo Espada Jiménez
Eduardo Leal Uguina

EDICIÓN EJECUTIVA
José Antonio Almodóvar Herráiz

DIRECCIÓN DEL PROYECTO
Domingo Sánchez Figueroa

DIRECCIÓN Y COORDINACIÓN EDITORIAL DE PRIMARIA
Maite López-Sáez Rodríguez-Piñero

SANTILLANA

Decenas y unidades

1 Haz grupos de 10 y completa.

☐ decena y ☐ unidades

☐ + ☐ = ☐

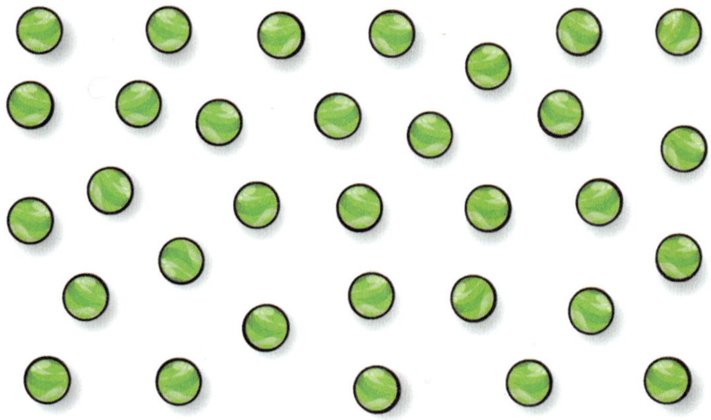

☐ decenas y ☐ unidades

☐ + ☐ = ☐

2 Cuenta y escribe el número.

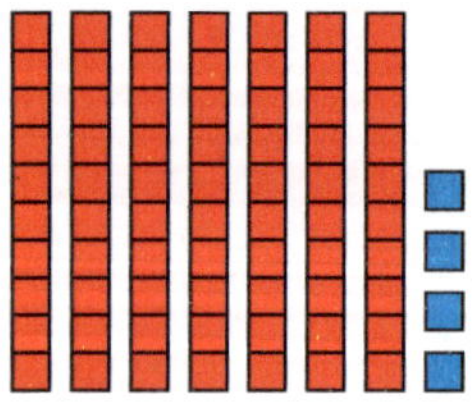

D	U

☐

☐ + ☐ = ☐

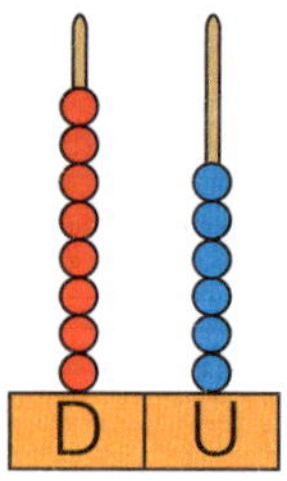

D	U

☐

☐ + ☐ = ☐

3 Completa la serie.

10 + 4 | 20 + 5 | 30 + 6 | |

4 Completa.

			D	U
29	▶	decenas y unidades	▶	
78	▶		▶	
42	▶		▶	

30 + 5 = ☐ 60 + 3 = ☐ 80 + 1 = ☐

94 = ☐ + ☐ 27 = ☐ + ☐ 65 = ☐ + ☐

5 Colorea igual las piezas con el mismo número.

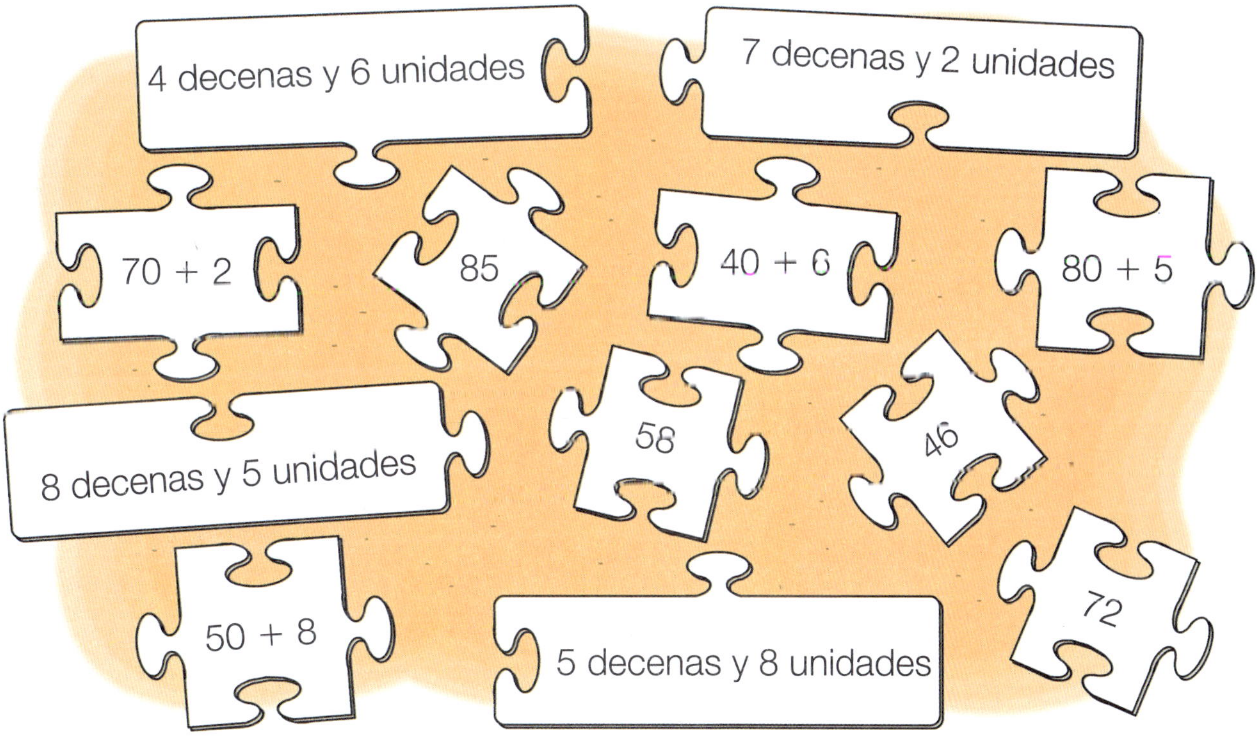

¿De qué color has pintado las piezas con 5 unidades? ______

Números hasta el 99

1 Completa.

75 ▶ | D | U | ▶ Setenta y ______

93 ▶ | D | U | ▶ ______

87 ▶ | D | U | ▶ ______

2 Escribe el número siguiente o el anterior y completa.

49 ▶ 50

4 D y ☐ U ▶ ☐ D y ☐ U

☐ ◀ 70

☐ D y ☐ U ◀ ☐ D y ☐ U

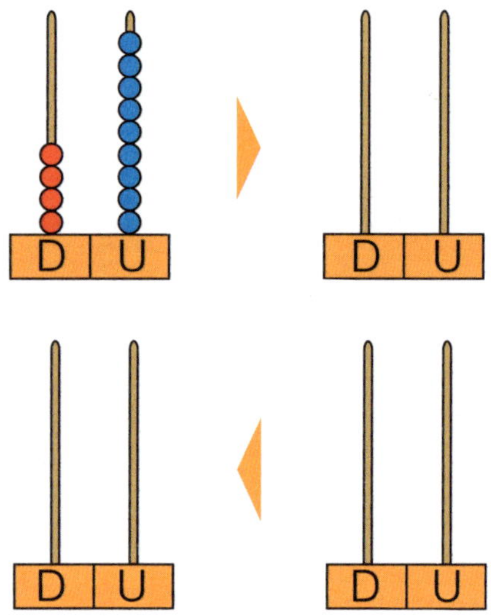

3 Completa las series.

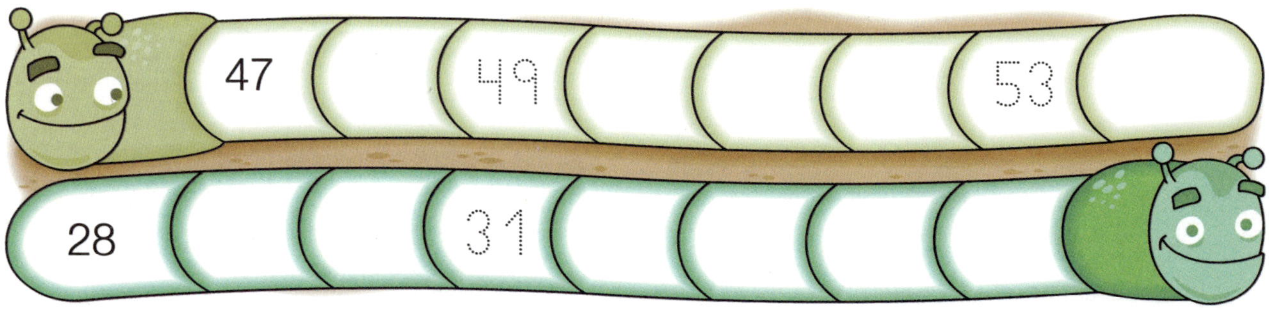

4 Lee y relaciona.

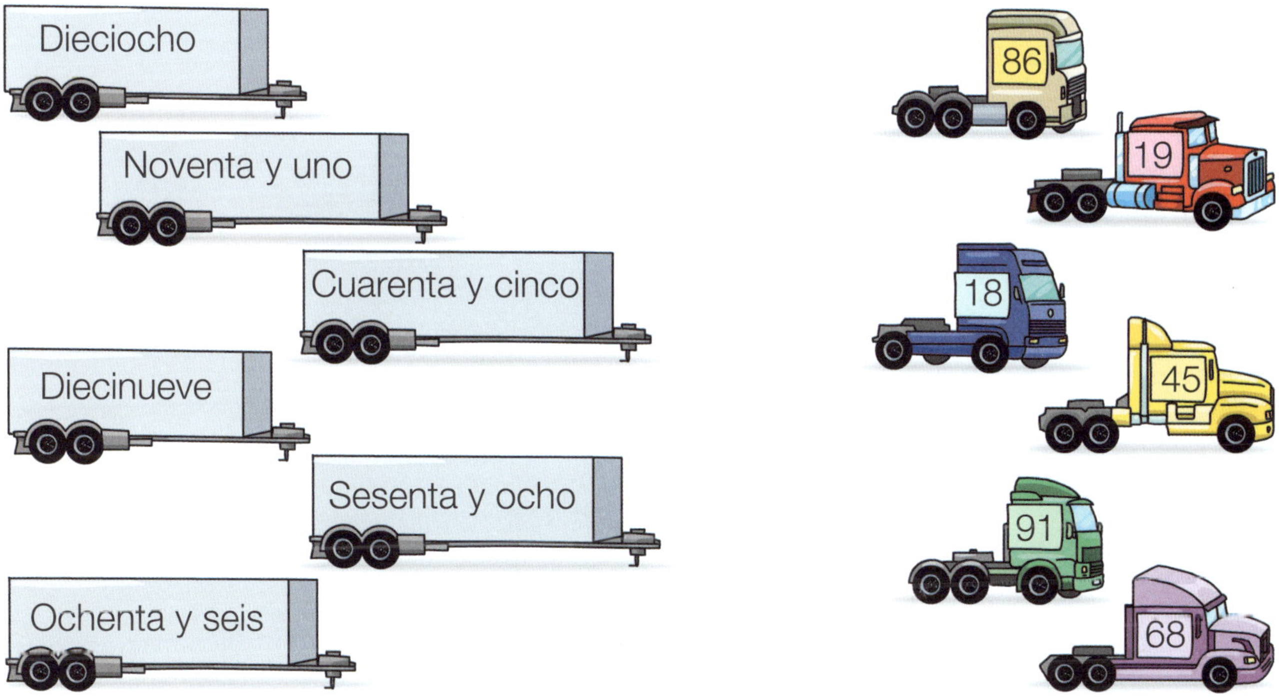

5 Completa.

D	U
3	8

▶ 30 + ☐

D	U
1	3

▶ ☐ + ☐

D	U
2	1

▶ ☐ + ☐

D	U
6	9

▶ ☐ + ☐

Rodea los números que se escriben usando una sola palabra.

6 Escribe los números anterior y posterior.

☐ 86 ☐ ☐ 79 ☐ ☐ 40 ☐

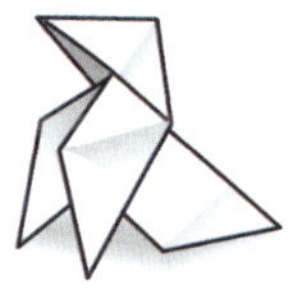

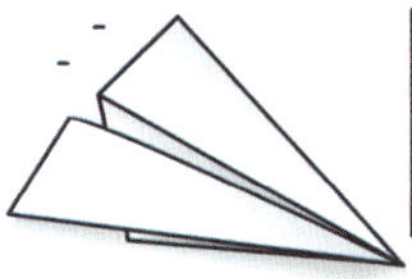

☐ 73 ☐ ☐ 89 ☐ ☐ 60 ☐

FICHA 3

Comparación de números de dos cifras

1 Escribe los números en el cuadro, compara y completa.

D	U

☐ es mayor que ☐

☐ > ☐

☐ es menor que ☐

☐ < ☐

2 Escribe el signo < o >.

34 ◯ 27	56 ◯ 50	14 ◯ 59
53 ◯ 65	49 ◯ 43	87 ◯ 41
85 ◯ 21	92 ◯ 99	29 ◯ 80
13 ◯ 45	83 ◯ 88	99 ◯ 89
20 ◯ 76	71 ◯ 70	62 ◯ 68

3 Compara y rodea en cada grupo.

El número mayor

El número menor

4 Ordena cada grupo de números.

De menor a mayor

21 65 19 60

☐ < ☐ < ☐ < ☐

De mayor a menor

46 95 30 98

☐ > ☐ > ☐ > ☐

5 Colorea.

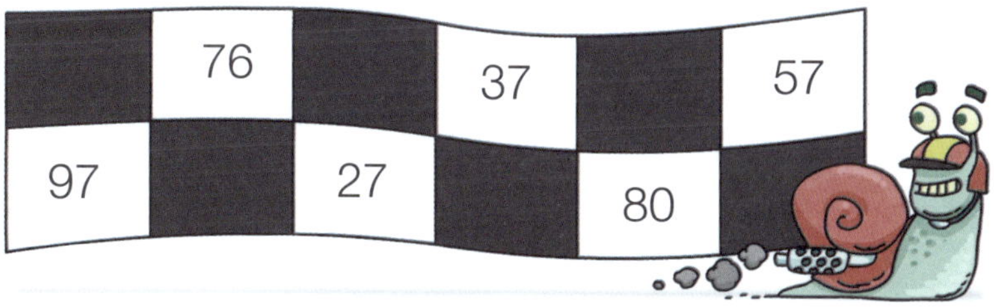

Los números mayores que 40, cuya cifra de las unidades es 7.

Los números menores que 50, cuya cifra de las unidades es 9.

6 Rodea.

El libro más caro

El libro más barato

7 Lee y resuelve.

- Sara, Teo y Marcos son hermanos. Teo es el mayor y tiene 14 años. Sara es la pequeña y tiene 10 años. ¿Cuántos años puede tener Marcos?

Marcos puede tener

- Pilar, Lidia y Carmen son primas. Lidia es mayor que Carmen y Pilar es menor que Carmen. ¿Quién tiene más años? ¿Quién tiene menos años?

Tiene más años

Tiene menos

Repartir los premios en una carrera

Margarita está en el jurado de una carrera popular y va a repartir los premios a los participantes.

1 Ordena de menor a mayor el importe en euros de los premios.

35 25 40 68 43

☐ < ☐ < ☐ < ☐ < ☐

2 Ordena de mayor a menor el número de corredores de cinco clubs.

75 81 69 88 90

☐ > ☐ > ☐ > ☐ > ☐

3 Escribe el número de cada dorsal y cómo se lee.

- Está formado por 4 decenas y 6 unidades.

☐ ▶ ______________________

- Está formado por 7 decenas.

☐ ▶ ______________________

- Es el número anterior a 60.

☐ ▶ ______________________

1 Colorea de rojo las estrellas con un número mayor que el número de la estrella amarilla.

2 Escribe cómo se leen los números de las estrellas que has coloreado en la actividad 1.

80 ▶ ______________________

▶ ______________________

▶ ______________________

3 Colorea de verde las estrellas con un número menor que el número de la estrella amarilla.

4 Escribe cada número de las estrellas que has coloreado en la actividad 3. Después, completa.

66 = ☐ + ☐ ☐ = ☐ + ☐

☐ = ☐ + ☐ ☐ = ☐ + ☐

Sumas sin llevar

1 Suma.

35	42	85	91	5
+ 24	+ 31	+ 13	+ 8	+ 64
☐	☐	☐	☐	☐

34	51	63	5	16
12	32	20	24	2
+ 23	+ 15	+ 5	+ 70	+ 61
☐	☐	☐	☐	☐

2 Coloca los números y suma.

36 + 42

86 + 2

23 + 12 + 41

30 + 43 + 22

3 Completa las series.

4 Observa y calcula cuántas fichas hay.

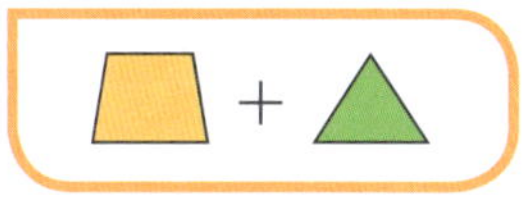

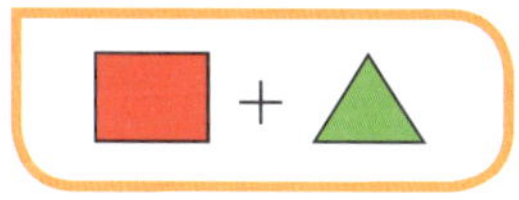

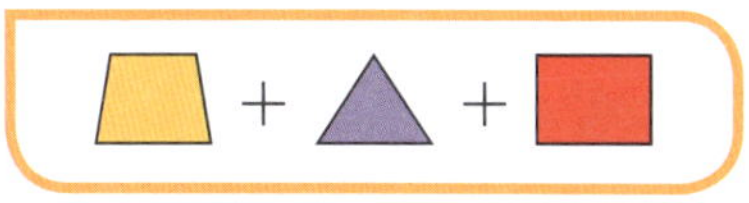

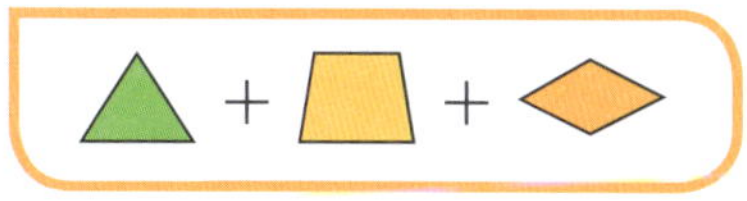

5 Resuelve.

Laura ▶ 65 puntos

Diego ▶ 32 puntos

¿Cuántos puntos tienen Laura y Diego en total?

Datos ☐ y ☐

Operación

Solución ______________________

Restas sin llevar

1 Observa los números de los globos y calcula las restas.

2 Coloca los números y resta.

87 – 23

96 – 32

99 – 6

88 – 7

3 Completa los huecos usando los números del recuadro.

☐ – ☐ = 70

☐ – ☐ = 50

4 **Escribe tres restas y calcúlalas. Utiliza cada vez dos de los números de los carteles.**

5 **Resuelve.**

- Carmen quiere comprar una silla por 79 €. Tiene 68 €. ¿Cuánto dinero le falta?

Datos ___ y ___

Operación

Solución ______________________

- En un cine hay 98 butacas. Están vacías 32 de ellas. ¿Cuántas butacas están ocupadas?

Datos ___ y ___

Operación

Solución ______________________

Números ordinales

1 Escribe cómo se lee cada número ordinal.

3.º	▶	18.º	▶
2.º	▶	14.º	▶
5.º	▶	11.º	▶
10.º	▶	12.º	▶
6.º	▶	20.º	▶
8.º	▶	13.º	▶

2 Escribe con cifras cada número ordinal.

3 Piensa y escribe el número ordinal correspondiente.

¿Qué lugar ocupa cada corredora?

- Está delante de la quinta. ▶ ______
- Está detrás de la décima. ▶ ______
- Está delante de la undécima. ▶ ______

¿En qué canal está?

- Los dibujos están en el canal anterior al 13.º ▶ ☐
- Las noticias están en el canal siguiente al 10.º ▶ ☐
- La película está entre el canal 18.º y el 20.º ▶ ☐

4 Observa la fila de coches y rodea. Después, contesta.

- El décimo
- El duodécimo
- El decimoctavo

- ¿Cuál está cuatro puestos delante del duodécimo? ______
- ¿Cuál tiene seis coches delante? ______
- ¿Cuál tiene ocho coches detrás? ______
- ¿Cuántos coches hay delante del vigésimo? ☐
- ¿Cuántos coches hay entre el octavo y el decimoquinto? ☐

Preparar un cumpleaños

Manuela está preparando una gran fiesta para su cumpleaños este fin de semana. Van a venir 21 amigos suyos y algunos de sus familiares.

1 Piensa y resuelve.

- Además de los amigos de Manuela, estarán 10 primos suyos y 13 adultos. ¿A cuántas personas invitará?

Datos ____ , ____ y ____

Operación

Solución ____________________

- De las 44 personas invitadas, 20 viven en el barrio de Manuela. ¿Cuántas personas no viven en el barrio de Manuela?

Datos ____ y ____

Operación

Solución ____________________

- Hace tres años, Manuela celebró su noveno cumpleaños. ¿Qué cumpleaños celebrará dentro de dos años?

____

1 Completa. Después, escribe el número representado y cómo se lee.

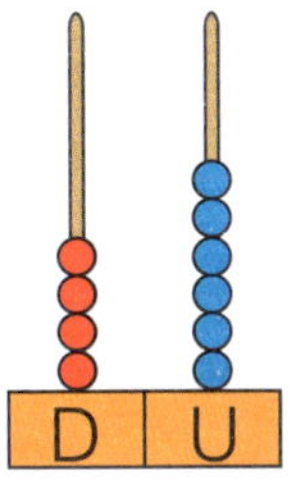

☐ decenas y ☐ unidades

☐ ▶ ______________________

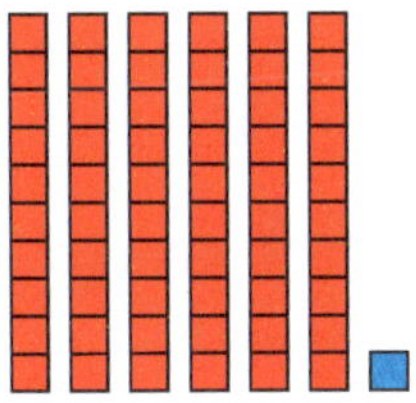

☐ decenas y ☐ unidad

☐ ▶ ______________________

2 Piensa y completa los huecos.

39 < ☐ < 41

☐ < 80 < ☐

3 Calcula y colorea según la clave.

- (rojo) 54
- (azul) 76
- (verde) 86
- (amarillo) 99

24 + 30 + 22 = ☐	89 − 35 = ☐	67 − 13 = ☐	98 − 22 = ☐

97 − 11 = ☐	31 + 68 = ☐	24 + 12 + 63 = ☐	71 + 28 = ☐	25 + 61 = ☐

La decena más cercana

1 Observa la recta y completa.

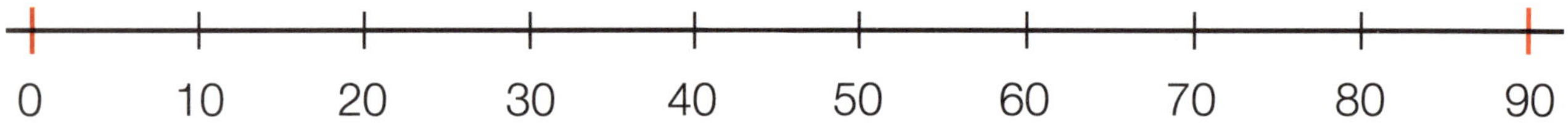

- El número 18 está entre 10 y ____.

  18 está más cerca de ____ que de ____.

  La decena más cercana a 18 es ____.

- El número 62 está entre ____ y ____.

  62 está más cerca de ____ que de ____.

  La decena más cercana a 62 es ____.

- El número 47 está entre ____ y ____.

  47 está más cerca de ____ que de ____.

  La decena más cercana a 47 es ____.

2 Escribe verdadero o falso.

- La decena más cercana a 52 es 50. ▶ ____
- La decena más cercana a 69 es 60. ▶ ____
- La decena más cercana a 81 es 90. ▶ ____
- La decena más cercana a 56 es 60. ▶ ____

3 **Fíjate en la cifra de las unidades de cada número, compárala con 5 y escribe su decena más cercana.**

67	☐ ○ 5	▶ La decena más cercana a 67 es ☐.
92	☐ ○ ☐	▶ La decena más cercana a 92 es ☐.
73	☐ ○ ☐	▶ La decena más cercana a 73 es ☐.
39	☐ ○ ☐	▶ La decena más cercana a 39 es ☐.

4 **Fíjate en los precios y contesta.**

- ¿Qué juguete cuesta unos 30 €? Explica qué has hecho para averiguarlo.

- ¿Qué juguete cuesta unos 40 €? Explica qué has hecho para averiguarlo.

FICHA 2

La centena

1 Completa las series.

93	94				98		
30	40			70			
100	200				600		

2 Cuenta y completa.

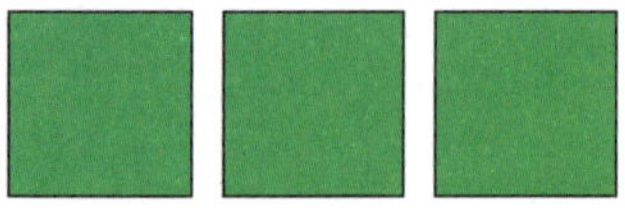

C	D	U

☐ centenas = ☐ unidades

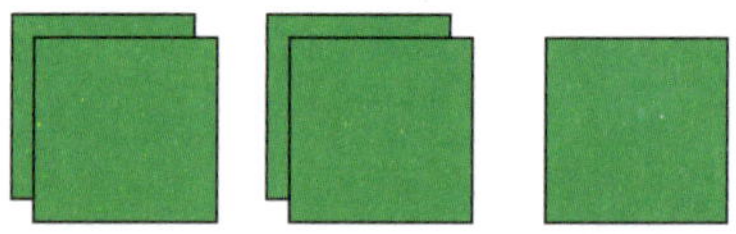

C	D	U

☐ centenas = ☐ unidades

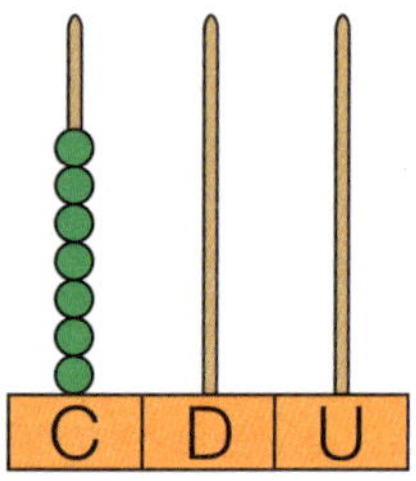

C	D	U

☐ C = ☐ U

8 centenas

C	D	U

8 C = ☐ U

3 Completa.

1 C	2 C	3 C	C	C	6 C	7 C	C	9 C
	200		400	500			800	

4 Relaciona las pinturas que expresan lo mismo.

2 centenas	600 unidades	setecientos
6 centenas	900 unidades	novecientos
9 centenas	200 unidades	doscientos
7 centenas	700 unidades	seiscientos

5 Escribe con cifras o con letras.

- Cien ▶ ☐
- Novecientos ▶ ☐
- Cuatrocientos ▶ ☐
- Trescientos ▶ ☐

600 ▶ ______

800 ▶ ______

500 ▶ ______

900 ▶ ______

6 Completa cada serie de centenas.

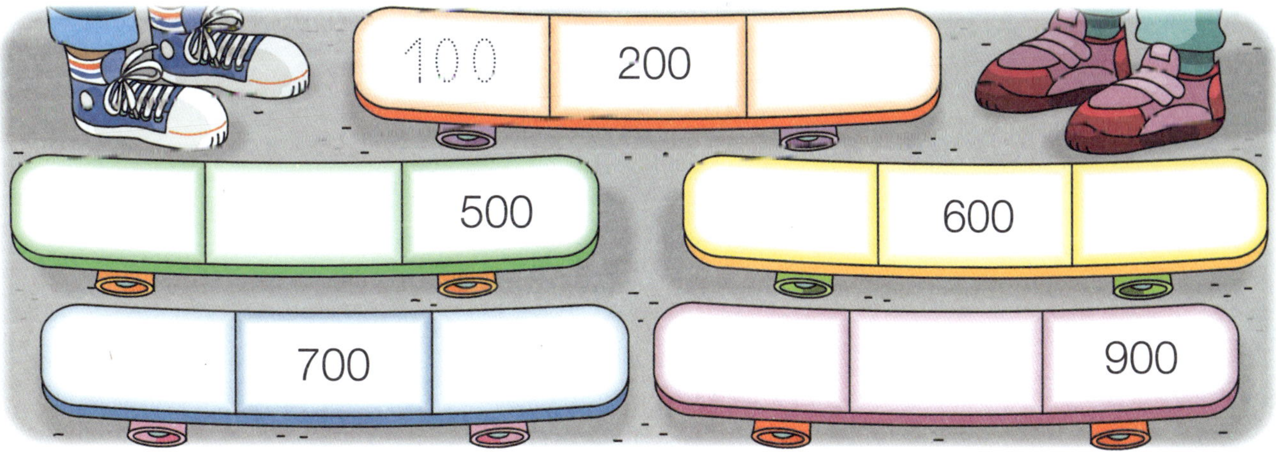

100	200	
		500
	600	
	700	
		900

Relación entre suma y resta

1 Completa.

6 + 5 = ☐ ▶

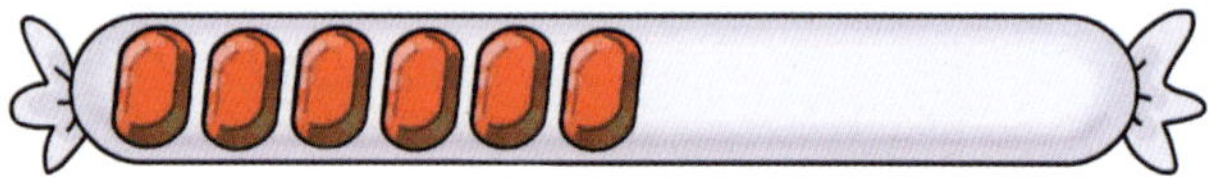

11 − 5 = ☐

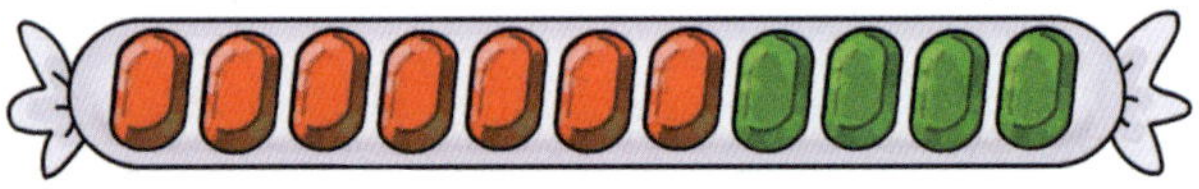

7 + 4 = ☐ ▶

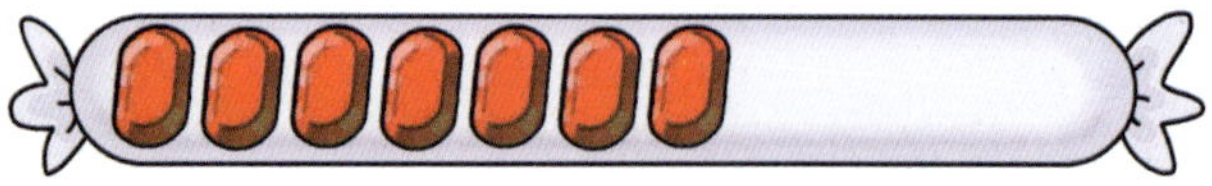

11 − 4 = ☐

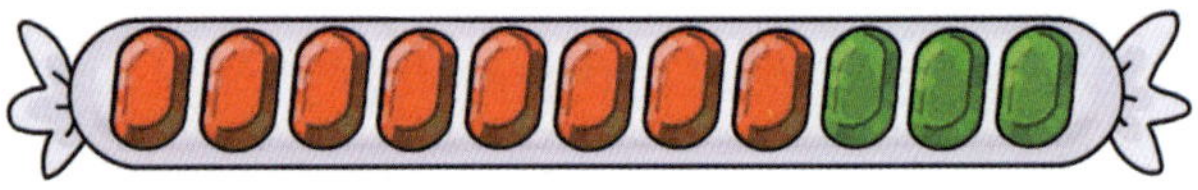

8 + 3 = ☐ ▶

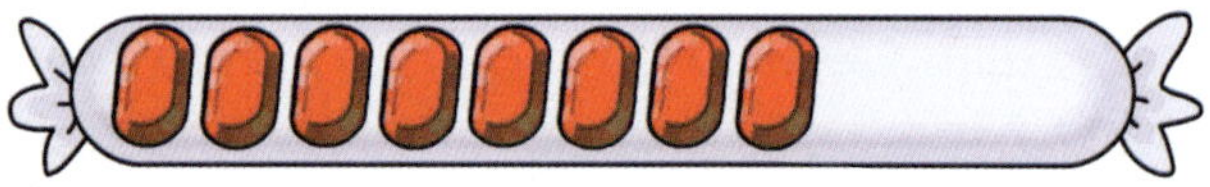

11 − 3 = ☐

2 Piensa y escribe con los mismos números.

A partir de una suma, una resta

7 + 6 = 13	▶	13	−	☐	=	☐
12 + 5 = 17	▶	☐	−	☐	=	☐
40 + 10 = 50	▶	☐	−	☐	=	☐

A partir de una resta, una suma

10 − 3 = 7	▶	3	+	☐	=	☐
32 − 20 = 12	▶	☐	+	☐	=	☐
70 − 30 = 40	▶	☐	+	☐	=	☐

A partir de una resta, otra resta

9 − 3 = 6	▶	9	−	6	=	☐
54 − 20 = 34	▶	☐	−	☐	=	☐
90 − 30 = 60	▶	☐	−	☐	=	☐

3 Piensa y escribe una suma y dos restas con los tres números dados.

□ + □ = □

□ − □ = □

□ − □ = □

4 Calcula las restas. Después, comprueba con una suma que están bien hechas.

$$\begin{array}{r} 19 \\ -\ \ 4 \\ \hline \end{array} \quad \blacktriangleright \quad + \underline{\qquad}$$

$$\begin{array}{r} 47 \\ -25 \\ \hline \end{array} \quad \blacktriangleright \quad + \underline{\qquad}$$

$$\begin{array}{r} 96 \\ -42 \\ \hline \end{array} \quad \blacktriangleright \quad + \underline{\qquad}$$

5 Piensa y completa el número que falta.

□ + 7 = 9

□ − 5 = 2

3 + □ = 8

9 − □ = 6

□ + 2 = 10

8 − □ = 8

FICHA 4 ➔ SABER HACER

Elegir la mejor opción para pedir ayuda

En la autopista desde Bosqueviejo hay postes de socorro a los que acudir si hay algún problema. Hay un poste cada 10 kilómetros.

1 Escribe a cuántos kilómetros de Bosqueviejo están los postes.

Kilómetros ▶ 0 | 10 | ☐ | ☐ | ☐ | ☐

2 ¿A qué poste debe acudir cada uno? Escribe y completa cada dibujo.

- Daniel ha tenido un pinchazo en el kilómetro 48.

  Debe ir al poste que hay en el kilómetro ☐.

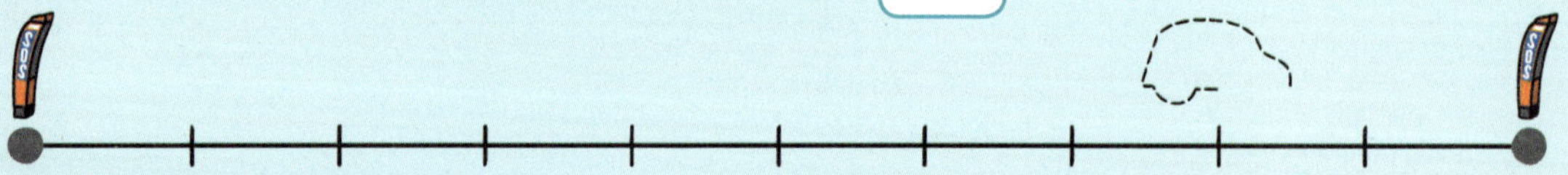

- El coche de Carmen se ha parado en el kilómetro 32.

  Debe ir al poste que hay en el kilómetro ☐.

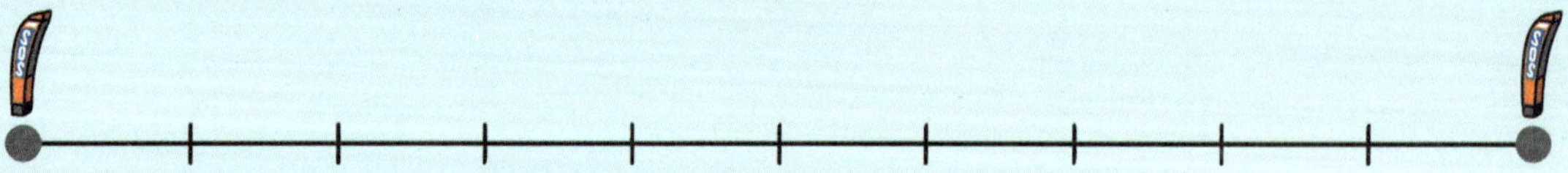

- Un coche parado en el kilómetro 39 debe ir al poste que está en el kilómetro ☐.

1 Observa y resuelve.

- ¿Cuántos gorros de nieve hay?

Datos ☐ , ☐ y ☐

Operación

Solución

- ¿Cuánto dinero le falta a Ana para poder comprar los esquíes?

Datos ☐ y ☐

Operación

Solución

- En la estación de esquí se celebró una carrera de trineos.

Delante de Susana llegaron dieciséis personas.

Susana llegó en el lugar

Marcos llegó en el lugar duodécimo. ¿Cuántas personas llegaron antes que él? ☐

Sumas llevando

1 Calcula estas sumas llevando.

$$\begin{array}{r} 29 \\ +\,13 \\ \hline \end{array} \qquad \begin{array}{r} 38 \\ +\,24 \\ \hline \end{array} \qquad \begin{array}{r} 17 \\ +\,46 \\ \hline \end{array} \qquad \begin{array}{r} 88 \\ +\ \ 9 \\ \hline \end{array}$$

$$\begin{array}{r} 16 \\ 24 \\ +\,35 \\ \hline \end{array} \qquad \begin{array}{r} 21 \\ 38 \\ +\,17 \\ \hline \end{array} \qquad \begin{array}{r} 46 \\ 7 \\ +\,19 \\ \hline \end{array}$$

2 Coloca los números y suma.

57 + 18

55 + 36

47 + 9

26 + 13 + 51

24 + 7 + 68

41 + 28 + 5

3 Fíjate en los peces que hay de cada color y calcula.

4 Lee detenidamente y resuelve.

- Esta mañana, Paloma ha leído 19 páginas de un libro.
  Por la tarde ha leído otras 36 páginas.
  ¿Cuántas páginas ha leído en total?

  Datos ____ y ____

  Operación

  Solución ____________________

- Esta mañana, Laura ha leído 27 páginas de un libro.
  Por la tarde ha leído 18 páginas más que por la mañana.
  ¿Cuántas páginas ha leído por la tarde?

  Datos ____ y ____

  Operación

  Solución ____________________

Restas llevando (pasando 1 decena a unidades)

1 Pasa una decena a unidades y resta.

4 12			
5̸ 2̸	5 1	6 3	8 4
− 2 3	− 4 8	− 5 7	− 1 9

2 ¿En qué restas tienes que pasar una decena a unidades? Rodéalas. Después, calcula.

5 12 6̸ 2̸ − 2 6	4 3 − 1 9	5 9 − 3 8
8 8 − 1 9	7 5 − 4 4	3 2 − 1 4

3 Escribe con estos números tres restas y resuélvelas.

4 **Inventa una resta de cada tipo y resuélvela. Usa números de dos cifras.**

Resta sin llevar

Resta llevando

5 **Lee y resuelve.**

- La película dura 90 minutos y empezó hace 49 minutos. ¿Cuántos minutos faltan para que termine?

Datos ___ y ___

Operación

Solución

- A la excursión al campo se han apuntado 75 personas. A la visita al museo, 49 personas. ¿Cuántas personas se han apuntado a la excursión más que a la visita?

Datos ___ y ___

Operación

Solución

Los números del 100 al 199

1 Cuenta y completa.

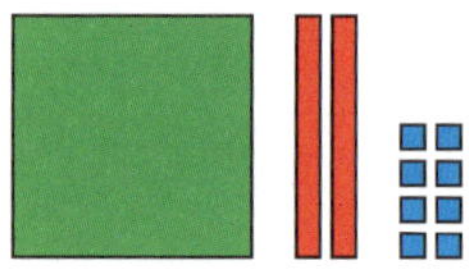

C	D	U

☐ C + ☐ D + ☐ U

☐ + ☐ + ☐ = ☐

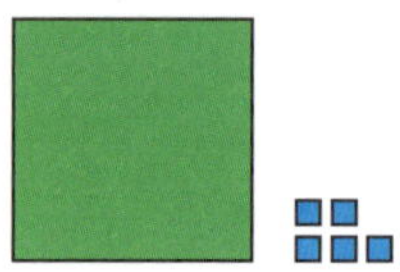

C	D	U

☐ C + ☐ U

☐ + ☐ = ☐

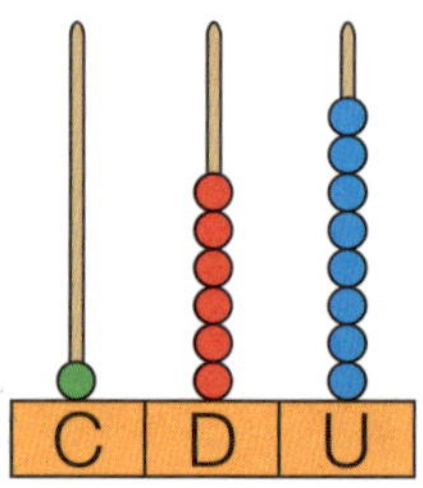

C	D	U

☐ C + ☐ D + ☐ U

☐ + ☐ + ☐ = ☐

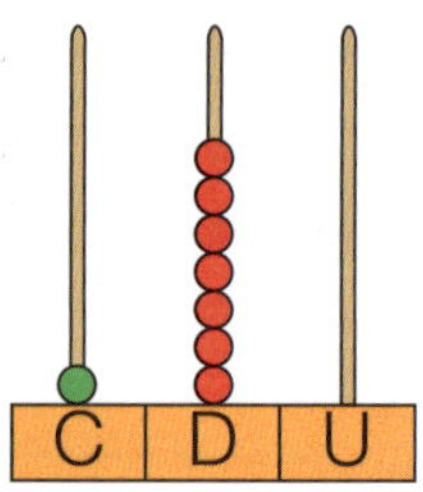

C	D	U

☐ C + ☐ D

☐ + ☐ = ☐

2 Relaciona y completa.

ciento siete	117 = ☐ + ☐ + ☐
ciento setenta	170 = ☐ + ☐
ciento diecisiete	107 = ☐ + ☐
ciento setenta y uno	171 = ☐ + ☐ + ☐

3 Escribe cada número.

Ciento doce ▶ ______ Ciento noventa ▶ ______

Ciento veintinueve ▶ ______ Ciento ochenta y cinco ▶ ______

178 ▶ ____________________

140 ▶ ____________________

103 ▶ ____________________

4 Escribe todos los números de tres cifras posibles con las cifras de las cometas.

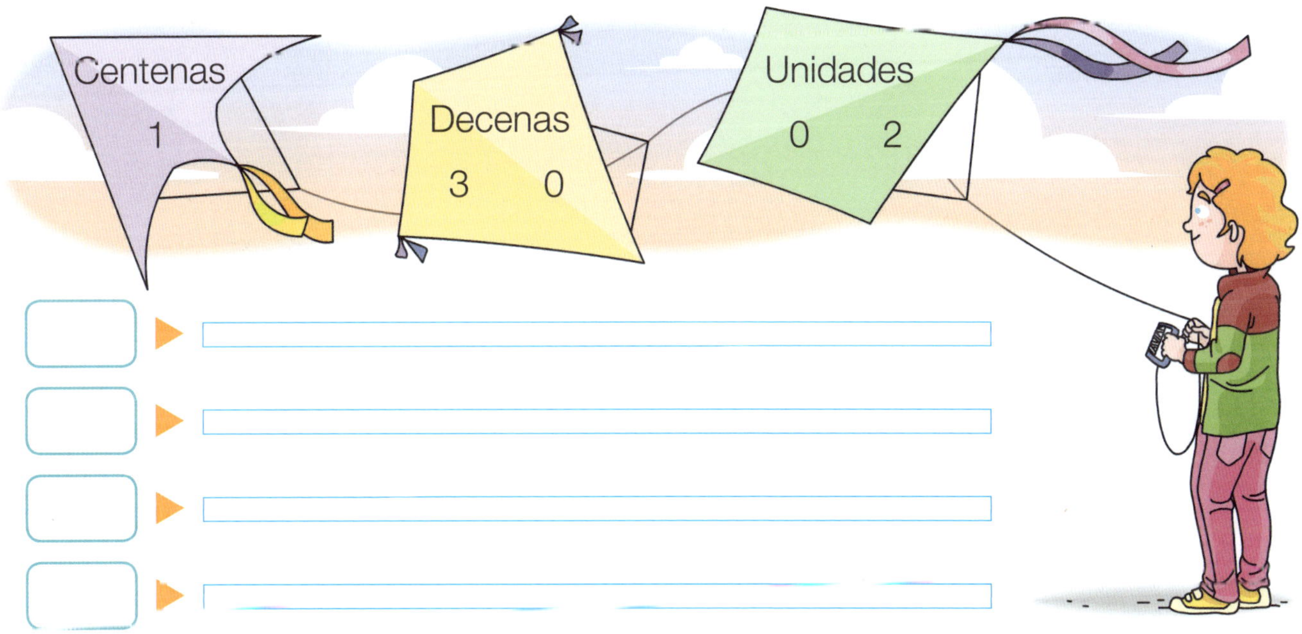

______ ▶ ____________________

______ ▶ ____________________

______ ▶ ____________________

______ ▶ ____________________

5 Completa las series.

100	110	120					
125	130	135					
130	132	134					

Organizar una clínica veterinaria

Marta es veterinaria y está repasando los datos de las mascotas que ha atendido este mes.

1 **Escribe el número.**

Perros ▶ 1 C + 3 D

Gatos ▶ 1 C + 2 U

2 **Resuelve.**

- En octubre atendió a 73 perros y a 67 gatos. ¿A cuántos perros más que gatos atendió?

Datos ▶ y

Operación ▶

Solución ▶

- La semana pasada atendió a 27 perros y 48 gatos. ¿A cuántas mascotas atendió?

Datos ▶ y

Operación ▶

Solución ▶

FICHA 5 REPASO

1 Calcula. Después, ordena los resultados de menor a mayor y escribe el nombre de la mascota.

$$\begin{array}{r} 34 \\ +\,13 \\ \hline \square \end{array} \quad \text{K} \qquad \begin{array}{r} 28 \\ +\,17 \\ \hline \square \end{array} \quad \text{S} \qquad \begin{array}{r} 43 \\ 5 \\ +\,50 \\ \hline \square \end{array} \quad \text{I}$$

$$\begin{array}{r} 75 \\ -\,41 \\ \hline \square \end{array} \quad \text{U} \qquad \begin{array}{r} 80 \\ -\,59 \\ \hline \square \end{array} \quad \text{T} \qquad \begin{array}{r} 98 \\ -\,76 \\ \hline \square \end{array} \quad \text{R}$$

$\square < \square < \square < \square < \square < \square$

___ ___ ___ ___ ___ ___

2 Relaciona cada número con su decena más cercana.

76 · 49 · 64 — 60 · 50 · 80

38 · 32 · 44 — 40 · 30

3 Escribe los números.

4 C ▶ ☐ ____________

7 C ▶ ☐ ____________

6 C ▶ ☐ ____________

1 C + 3 D ▶ ☐

1 C + 3 U ▶ ☐

1 C + 3 D + 3 U ▶ ☐

Los números del 200 al 399

1 Completa y relaciona.

□ C + □ D + □ U

□ + □ + □ = □

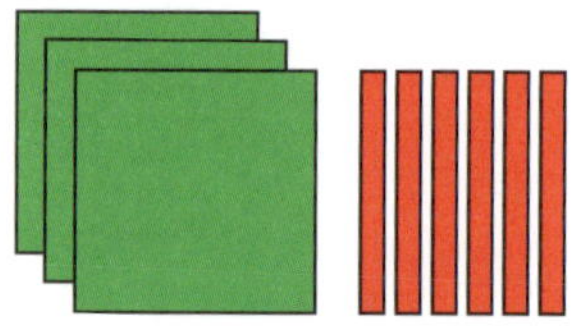

□ C + □ D

□ + □ = □

□ C + □ D

□ + □ = □

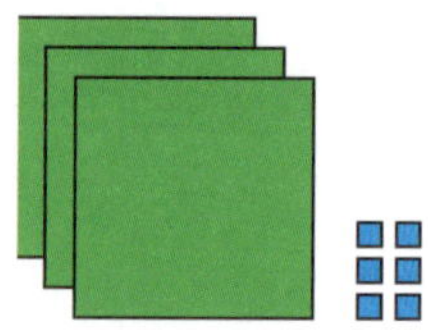

□ C + □ U

□ + □ = □

2 Colorea igual las cartelas que expresan un mismo número.

2 C + 1 D + 9 U

350

Doscientos noventa y uno

305

3 C + 5 U

Doscientos diecinueve

291

Trescientos cincuenta

3 C + 5 D

Trescientos cinco

219

2 C + 9 D + 1 U

3 Escribe cada número.

Doscientos tres ▶ ☐

Doscientos catorce ▶ ☐

Trescientos ochenta y uno ▶ ☐

Trescientos noventa ▶ ☐

279 ▶ ______

345 ▶ ______

260 ▶ ______

307 ▶ ______

4 Completa el número anterior y el posterior.

5 Piensa y completa.

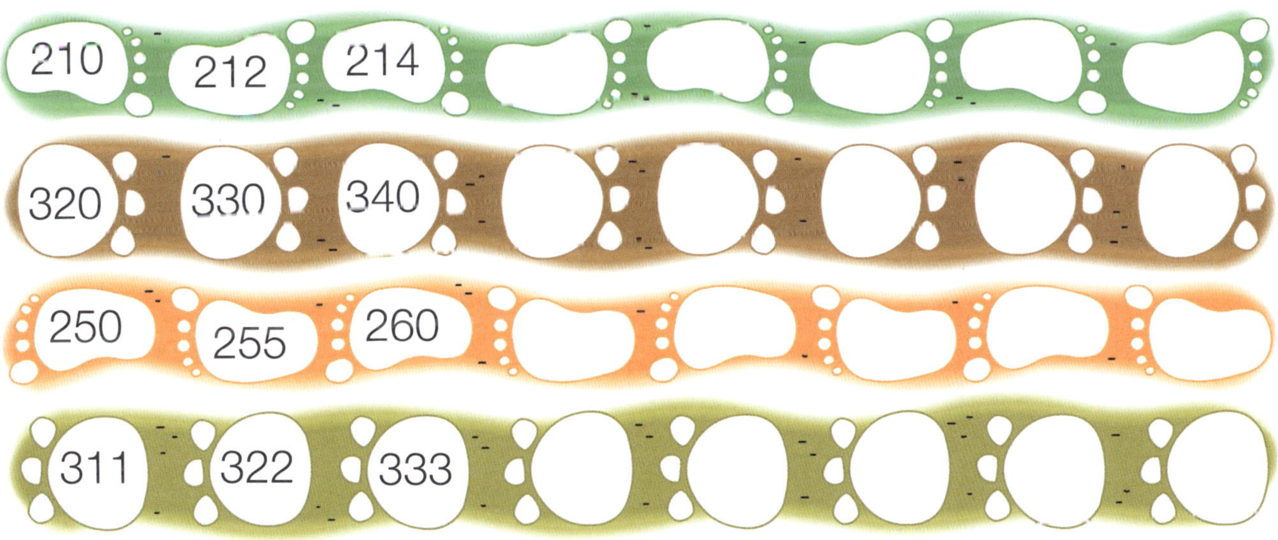

Restas llevando

1 **Fíjate en la cifra de las unidades y rodea. Después, calcula.**

El número mayor

El número menor

32	48	50	76
− 16	− 31	− 27	− 8
☐	☐	☐	☐

2 **Observa la clave y calcula.**

3 **Inventa una resta llevando cuyo minuendo sea mayor que 54 y resuélvela.**

4 Piensa y resuelve.

- Ramón tiene 72 años y su hermana Julia tiene 65 años.
  ¿Cuántos años tiene Ramón más que Julia?

Datos ___ y ___

Operación

Solución ____________________

- Begoña tenía 95 €. Ha comprado un abrigo.
  ¿Cuánto dinero le ha sobrado?

Datos ___ y ___

Operación

Solución ____________________

- Sara marcó el año pasado 45 goles y Pedro marcó 27 goles.
  ¿Cuántos goles marcó Pedro menos que Sara?

Datos ___ y ___

Operación

Solución ____________________

Preparar una visita al auditorio

Luis está preparando la visita de varios colegios al auditorio, para escuchar un concierto.

Sala 1. Entre 200 y 299 asistentes.
Sala 2. Entre 300 y 399 asistentes.
Sala 3. Entre 100 y 199 asistentes.

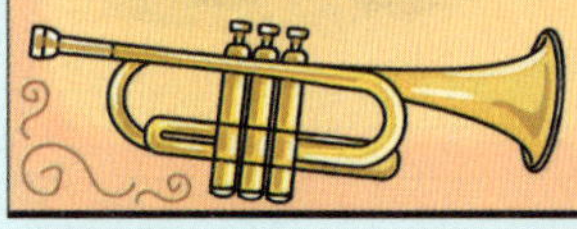

1 **¿A qué sala irá cada colegio? Escribe.**

Colegio *Océano*: 178 asistentes ▶ ______

Colegio *Abeto*: 345 asistentes ▶ ______

Colegio *Luna*: 285 asistentes ▶ ______

2 **Resuelve.**

El colegio *Monte* ha llevado 92 asistentes y el colegio *Sol*, 25 asistentes. ¿Cuántos asistentes ha llevado el colegio *Monte* más que el colegio *Sol*?

Datos ☐ y ☐

Operación

Solución ______

1 **Completa la tabla.**

Número	Descomposición	Se lee
175		Ciento setenta y cinco
	1 C + 4 D	
		Doscientos noventa
184		
	3 C + 2 U	

2 **Calcula y colorea.**

Las estrellas con resultado menor que 50.

Las estrellas con resultado mayor que 70.

18 + 17	99 − 24	29 − 16
91 − 13	26 + 37	92 − 17

¿Cuál es el resultado de la estrella sin colorear?

Dirección de arte: José Crespo.

Proyecto gráfico: Pep Carrió.
Ilustración de portada: Leila Méndez.

Jefa de proyecto: Rosa Marín.
Coordinación de ilustración: Carlos Aguilera.
Jefe de desarrollo de proyecto: Javier Tejeda.
Desarrollo gráfico: Raúl de Andrés y Jorge Gómez.

Dirección técnica: Jorge Mira.
Subdirección técnica: José Luis Verdasco.

Coordinación técnica: Alejandro Retana.
Confección y montaje: Jorge Borrego y Raquel Sánchez.
Corrección: Cristina Durán y Nuria del Peso.

Avda. de los Artesanos, 6
28760 Tres Cantos, Madrid
Printed in China

ISBN: 978-84-680-1793-8
CP: 532268
Depósito legal: M-5191-2015